U0173681

图书在版编目（CIP）数据

海底微光 / (美) 唐娜·麦金尼著 ; (智) 丹妮拉·佛雷特绘 ; 吉祥译 . — 南京 : 江苏凤凰科学技术出版社 , 2023.5
ISBN 978-7-5713-3345-4

Ⅰ . ①海… Ⅱ . ①唐… ②丹… ③吉… Ⅲ . ①深海一普及读物 Ⅳ . ① P72-49

中国版本图书馆 CIP 数据核字 (2022) 第 233420 号

海底微光

著　　者 [美国]唐娜·麦金尼
绘　　者 [智利]丹妮拉·佛雷特
译　　者 吉　祥

策划编辑 沈　瑶　何思琴
责任编辑 傅　昕　马　譞
责任校对 仲　敏
责任监制 周雅婷
策划总监 薛陆洋
装帧设计 叶　思

出版发行 江苏凤凰科学技术出版社
出版社地址 南京市湖南路1号A楼，邮编：210009
出版社网址 http://www.pspress.cn
编读信箱 skqsfs@163.com
联系电话 (025)83657623
印　　刷 镇江恒华彩印包装有限责任公司
开　　本 889 mm ×1 194 mm　1/16
字　　数 50 000
印　　张 2
版　　次 2023年5月第1版
印　　次 2023年5月第1次印刷
标准书号 ISBN 978-7-5713-3345-4
定　　价 59.80元（精）

海底微光

[美国]唐娜·麦金尼 著
[智利]丹妮拉·佛雷特 绘
吉祥 译

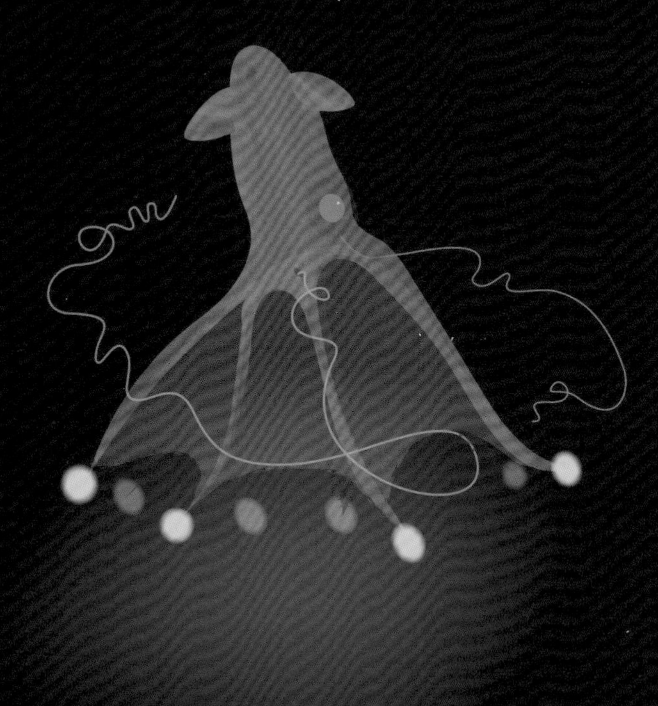

在黑暗中发光的深海生物

江苏凤凰科学技术出版社·南京

清晨的第一缕阳光，

洒向一望无际的海面。

鱼、海豹、海龟……

在这儿自由地觅食和嬉戏。

而在海洋深处，

阳光无法抵达的地方，

光线逐渐变暗，

变暗，变暗，

直到……

完全黑了！

在海洋深处，

阳光无法抵达的地方，

只有无止境的黑暗和刺骨的寒冷。

还有谁能被看见呢？

每个夜晚，

它们向上游，向上游，向上游，

游向那温暖的，

可以觅食、填饱肚子的水层。

当阳光降临海面，

它们向下游，向下游，向下游，

藏身于午夜般的海域中。

炽热的太阳，在空中越升越高，
照射着一望无际的海面。

而在海洋深处，阳光无法抵达的地方，
幽灵蛸正在幽暗的海水中移动。

嗖—— 嗖——

幽灵蛸睁着硕大的眼睛，

警觉地划过这片区域。

捕食者正在步步逼近，

幽灵蛸的触手末端亮起一团团光。

触手上的荧光转移了敌人的注意力。

扑棱、扑棱、扑棱，

幽灵蛸像飞翔的鸟儿一样，

快速扇着它的鳍，

向安全的地方游去。

在一望无际的海面上，
太阳越过正午最高点，
开始缓慢下沉。

而在海洋深处，阳光无法抵达的地方，

口袋鲨闪烁着微光。

噗——口袋鲨挤出一团发光的云雾，

猎物被荧光吸引而来。

又一次喷射——闪光！

隐身的口袋鲨出其不意捕获了猎物，

享受着它的晚餐。

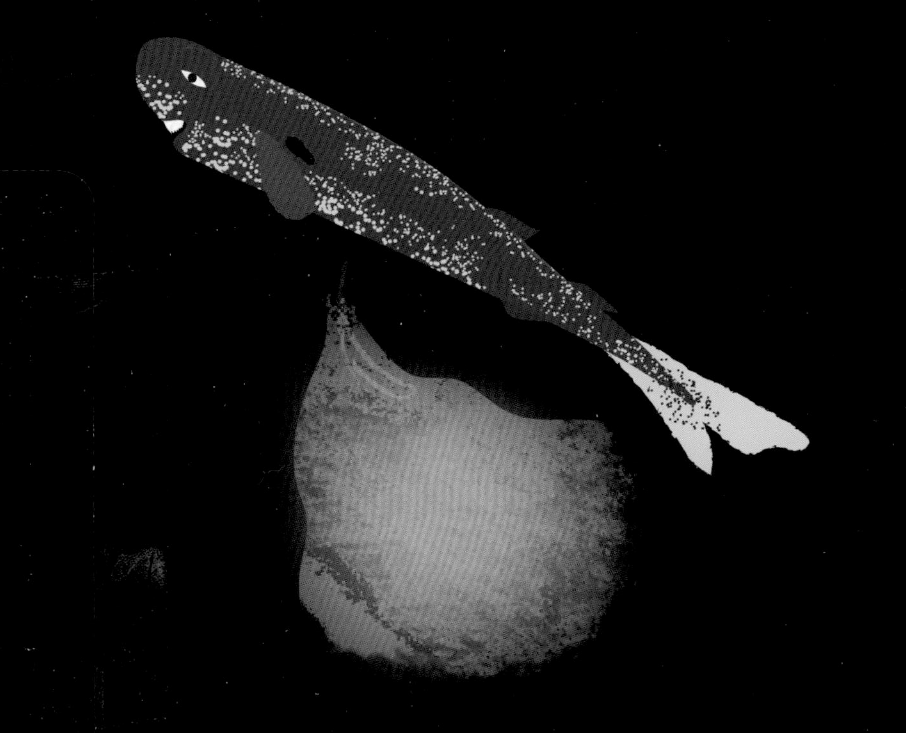

在一望无际的海面上，
炽热的太阳慢慢下降，亲吻着地平线。

而在海洋深处，
阳光无法抵达的地方，
警报水母闪耀着蓝光，
向饥饿的捕食者发出警告。

就像刺耳的防盗铃能吓退窃贼一样，

警报水母的蓝光让捕食者不敢靠近。

一旦捕食者远离，

警报水母便向黑暗中的安全地带游去。

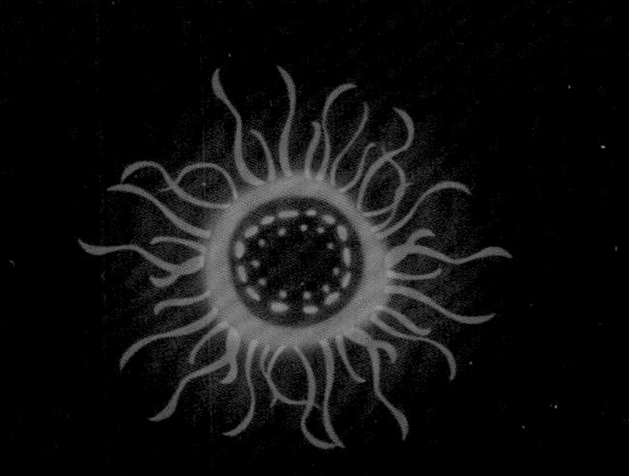

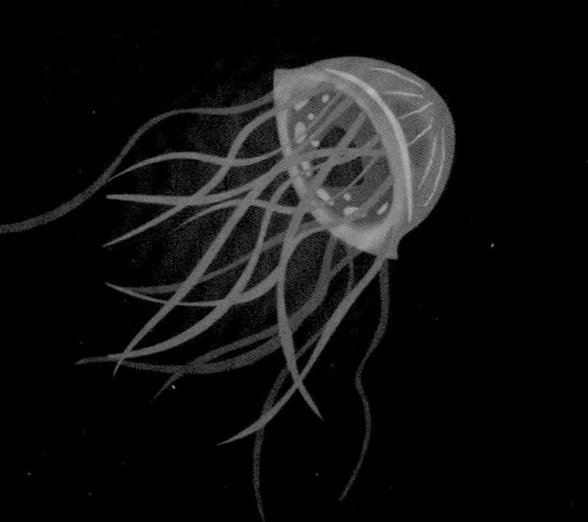

傍晚，朦胧的薄雾笼罩着一望无际的海面。

而在海洋深处，
阳光无法抵达的地方，
小小的百慕大火刺虫正四处游动。

雌性火刺虫闪烁着微光，
从海底向上游动着。
它们密密麻麻地
围成一个个闪闪发光的圈。

在那旋转的光圈指引下，
雄性火刺虫渐渐游近。

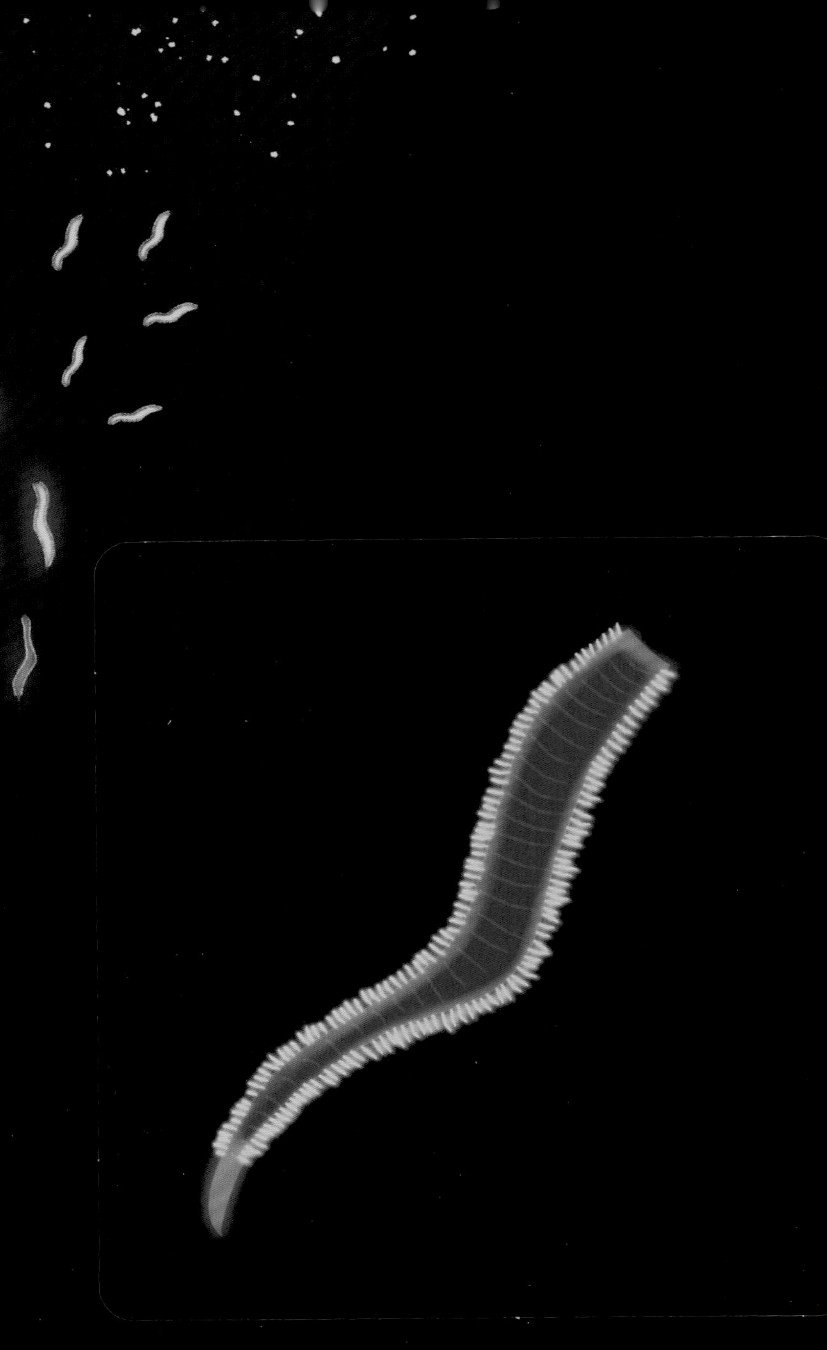

在一望无际的海面上，

橘黄色的太阳没入地平线。

而在幽深的海底，
阳光无法抵达的地方，
毒蛇鱼正四处觅食。

毒蛇鱼的背上像是绑着一根鱼竿，
末端还系着一个小灯泡。
一闪、一闪、一闪。
被这奇怪的光吸引，小鱼们游得越来越近，
毒蛇鱼张开嘴巴，露出尖利的牙齿——
将小鱼们一口吞入腹中。

在一望无际的海面上，

夜色紧紧跟随着波浪袭来。

而在幽深、漆黑的海底，

永远没有白昼的地方，

“绿色轰炸机”蠕虫四处游动。

“绿色轰炸机”蠕虫摆动着它的泳足，
熟练地划行着。一旦危险的捕食者靠近，
它就从身体里释放出一连串绿色的小球。
小球“爆炸”发出绿光，在黑暗的海底格外耀眼。
趁着捕食者被绿光照得眼花缭乱的瞬间，
“绿色轰炸机”蠕虫急忙向安全的地方划去。

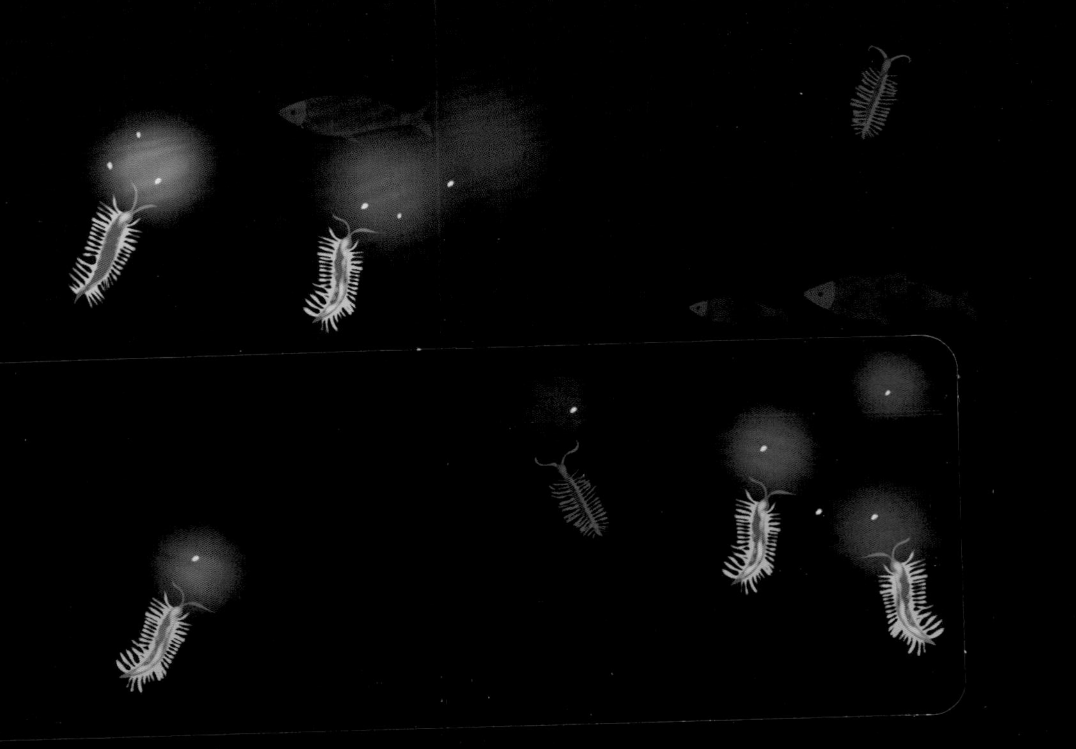

在一望无际的海面上，黑夜来临。

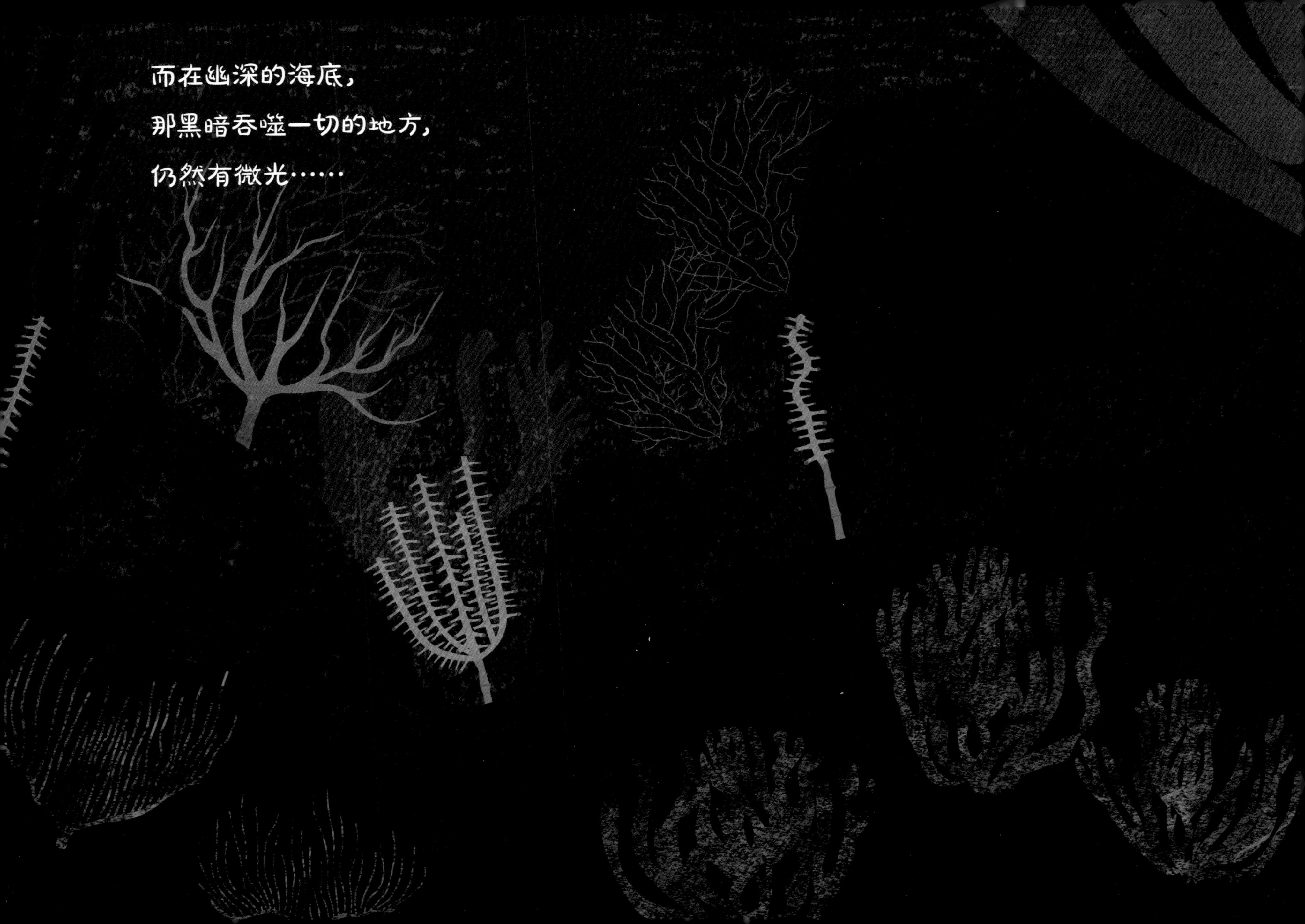

而在幽深的海底，

那黑暗吞噬一切的地方，

仍然有微光……

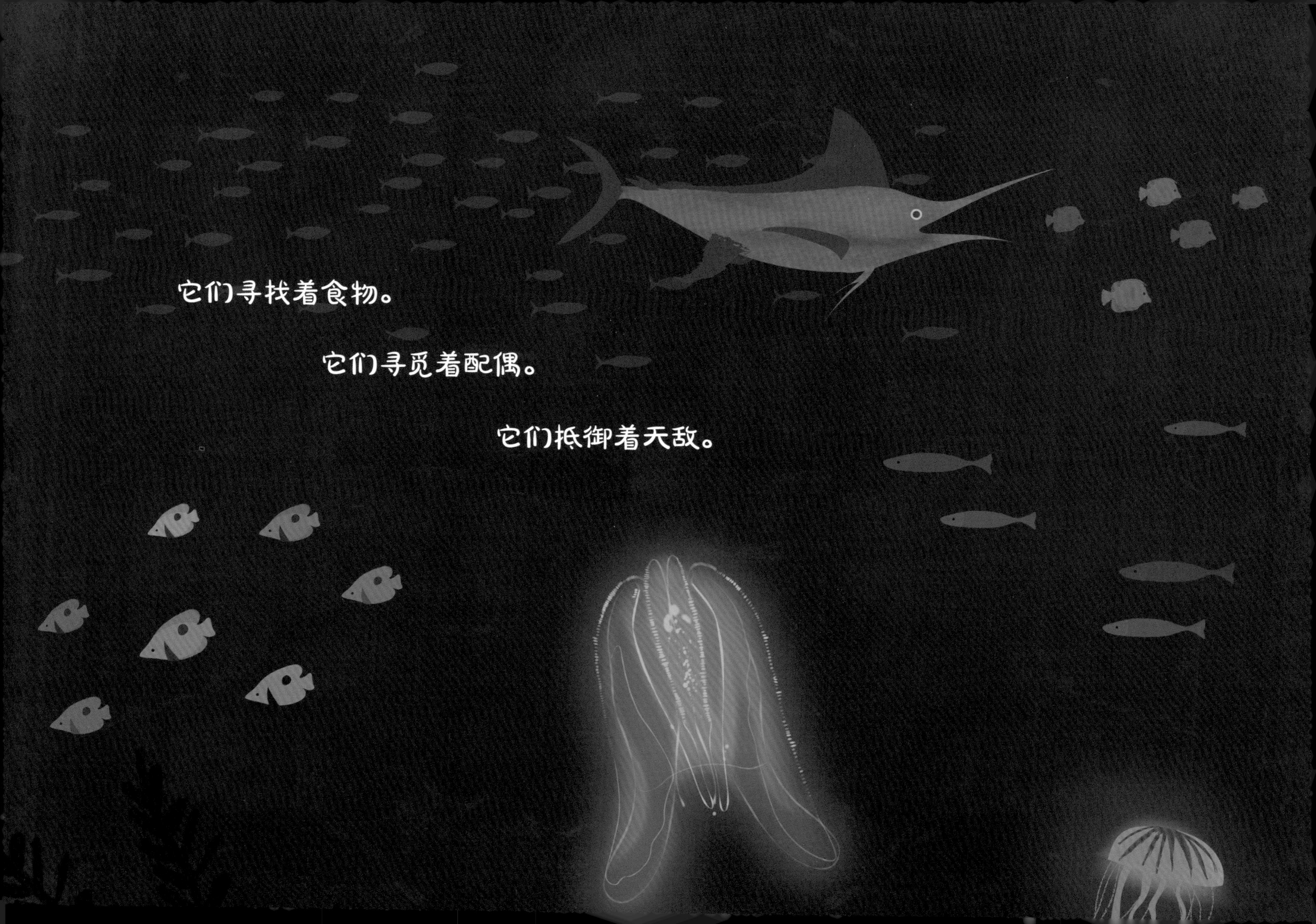

它们寻找着食物。

它们寻觅着配偶。

它们抵御着天敌。

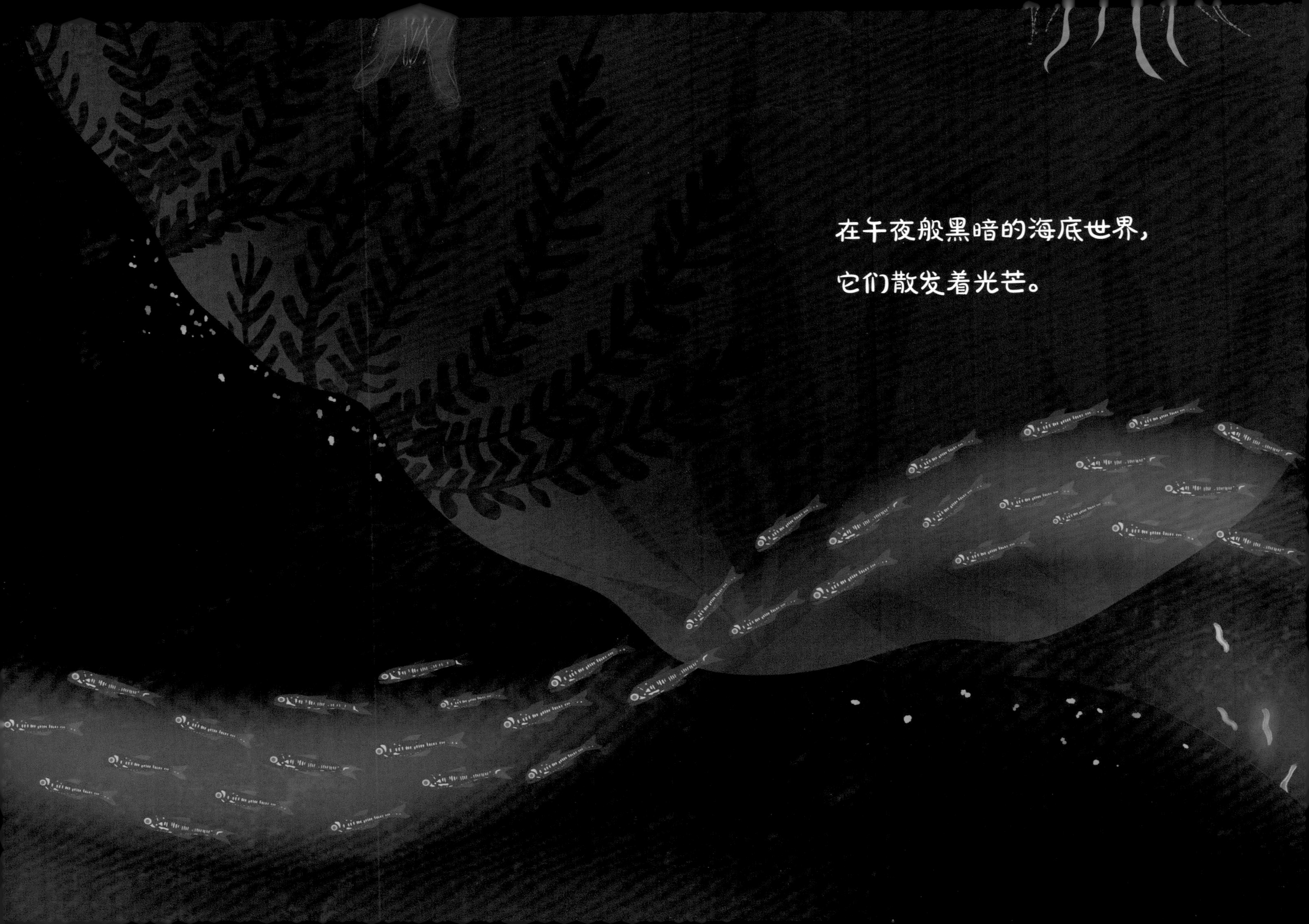

在午夜般黑暗的海底世界，

它们散发着光芒。

发光生物

相传在 1492 年 10 月 11 日，哥伦布和他的船员在圣萨尔瓦多岛附近航行时就曾看到过生物发光的壮观景象，“一支支小蜡烛的火焰在上下翻腾”，哥伦布在日记中如此描述。

生物发光是由生物内部发生的化学反应引起的。科学家估计76%的海洋生物能够发光，比如一些鱼、蠕虫、海星和水母等。

照亮回家的路

生物发光现象曾帮助飞行员在夜间安全飞行。1954 年，飞行员詹姆斯·洛厄尔在一次夜间飞行时，飞机上的仪器出现故障，他无法将飞机导向安全的地方。但他发现下方的水中有一条绿色光纹，意识到这是船尾流的甲藻发出的生物光。于是，他跟着这奇异的光线，回到了一个安全的着陆点。

未解之谜

科学家们仍在试图解答有关发光生物的各种问题。例如：为什么生物发光现象在陆地生物中很少出现，而在海洋生物中却如此常见？为什么生物发光现象常出现在海水中，而不是淡水中？如何在现代科技发展中运用生物发光原理？……由于这些神奇的生物生活在几乎完全黑暗的海底世界，对它们的研究充满了挑战。